Kyo Bakery's
Salted
Bread

Kyo Bakery's
Salted Bread

오늘의 소금빵

초판 1쇄 발행   2023년 11월 27일
초판 3쇄 발행   2024년 05월 30일

지은이 부인환 | **펴낸이** 박윤선 | **발행처** (주)더테이블

기획·책임편집 박윤선 | **진행·편집** 윤남기 | **어시스턴트** 박예은, 윤지원
디자인 김보라 | **일러스트** 이석주 | **사진** 조원석 | **스타일링** 이화영
영업·마케팅 김남권, 조용훈, 문성빈 | **경영지원** 김효선, 이정민

주소 경기도 부천시 조마루로385번길 122 삼보테크노타워 2002호
홈페이지 www.icoxpublish.com | **쇼핑몰** www.baek2.kr (백두도서쇼핑몰)
인스타그램 @thetable_book | **이메일** thetable_book@naver.com
전화 032) 674-5685 | **팩스** 032) 676-5685
등록 2022년 8월 4일 제 386-2022-000050호
ISBN 979-11-92855-03-5 (13590)

더 테이블
THE TABLE

Kyo Bakery's
Salted Bread

오늘의 소금빵

부인환 지음

더 테이블
THE TABLE

PROLOGUE

쿄 베이커리는 홍대 근처에서 15평의 공간에 빵과 공장과 매장이 카오스처럼 어우러진 곳에서 시작했습니다.

이곳은 오븐에서 나온 빵이 매장에 진열되기도 전에 철판에 있는 빵을 손님들이 직접 가지고 갈 정도로 엄청난 인기를 얻으며 다양한 매스컴에도 출연했고, 당시 알바생이었던 홍대 미대생의 손에서 쿄 베이커리의 마스코트인 쿄냥이도 태어나면서 행복한 시간을 보냈습니다.

홍대 시절을 마감하고 강남 한복판에 다시 자리 잡게 되면서 쿄 베이커리는 제2의 도약을 하게 되었습니다.
㈜토스템 갓어세미나, 마루비시 코리아 세미나, 가루하루 세미나 등 쿄 베이커리의 시그니처인 소금빵과 6년 담근 과일이 들어가는 슈톨렌 등을 대중들에게 선보이면서 부끄럼쟁이 부인환이 서서히 여러분 곁으로 다가가게 되었답니다.

그러다 마침 집에서도 다양하게 만들어볼 수 있는 소금빵 책을 만들어보자는 더테이블 출판사의 제안을 받았습니다. '내가 과연 책을 쓸 수 있을까?' 하는 반신반의 속에 어느덧 책은 촬영에 접어들었고 이렇게 저자의 글을 쓰게 되었습니다.

이 책은 글은 잘 못 쓰지만, 빵 하나는 자신 있게 만드는 제가 소금빵에 담긴 여러 원리를 초보자도 알 수 있도록 풀어서 최고의 소금빵을 만드는 즐거움을 드리고자 고심해서 레시피를 담았습니다.

빵이 주는 최고의 행복인 갓 구운 소금빵의 진미를 이 책을 통해서 느껴보시길 바랍니다.

2023년 11월
쿄냥이 아빠 **부인환**

CONTENTS

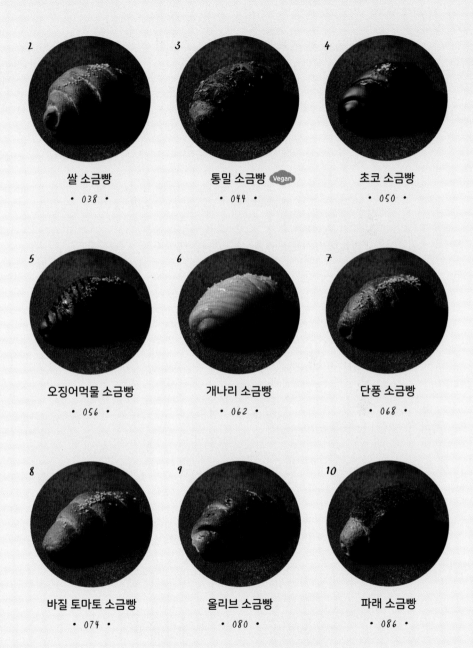

KYO BAKERY'S SALTED BREAD RECIPES
: 소금빵 베리에이션

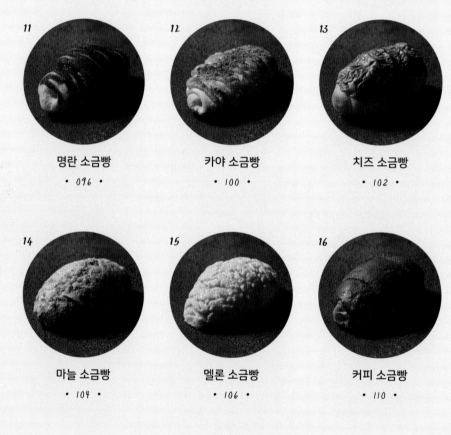

KYO BAKERY'S SALTED BREAD RECIPES
: 소금빵 샌드위치

KYO BAKERY'S SALTED BREAD RECIPES
: 특별한 모양으로 만드는 소금빵

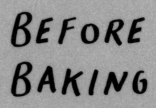

BEFORE
BAKING

: 재료와 도구 & 주요 공정

BEFORE BAKING

재료와 도구 & 주요 공정 :

1. 이 책에서 사용한 재료들

① **밀가루**
FLOUR

이 책에서는 쿄 베이커리에서 실제 사용하고 있는 밀가루부터, 시중에 쉽게 구할 수 있고 소량으로도 구매할 수 있는 다양한 밀가루를 소개합니다. 같은 배합이라도 사용하는 밀가루에 따라 빵의 맛과 식감은 달라집니다. 이 책에서 사용한 밀가루의 특징을 알아보고, 책의 레시피 대로 테스트해보면서 각자의 취향에 맞는 밀가루를 찾아 나만의 소금빵을 만들어보시길 바랍니다. (사용하는 밀가루에 따라 달라지는 소금빵의 맛과 식감에 관한 자세한 설명은 34~37p를 참고해주세요.)

K블레소레이유 밀가루 (마루비시)
: 일본의 식빵 전용 밀가루인 블레소레이유를 대선제분에서 한국식으로 풀어낸 제품입니다.
: 수분 흡수율이 높아(74%) 반죽이 부드럽고, 동시에 쫄깃하고 탄력도 좋은 편입니다.

아바론 밀가루 (마루비시)
: 캐나다산 1등급 겨울밀로 만든 최고급 밀가루로 현재 쿄 베이커리에서 사용하는 제품입니다.
: 단백질 함량이 높아 부드러우면서도 쫄깃한 식감을 표현하기에 좋습니다.
: 고소한 맛도 충분히 느낄 수 있어 소금빵과 잘 어울린다고 생각합니다.

코끼리 강력분 (대한제분)
: 정글짐에서 처음 소금빵을 만들었을 때 사용했던 제품입니다.
: 국내 베이커리에서 가장 많이 사용하는 밀가루로, 일반적인 버터롤 느낌의 소금빵으로 만들 수 있습니다.

아빵드 밀가루 T65 (대한제분)
: 코끼리 강력분과 블렌딩해 사용하면 부드러운 식감과 고소한 맛으로 완성할 수 있습니다.
: 쫄깃함보다 부드러운 빵을 선호하는 이들에게 추천하는 블렌딩입니다.

② 소금
SALT

빵에 들어가는 소금의 역할은 매우 크다고 할 수 있습니다. 바게트처럼 밀가루와 물, 이스트 그리고 소금 이렇게 4가지 기본 재료만 들어가는 빵이 있는 것처럼 소금은 빵에 있어서 필수불가결한 재료입니다.

간혹 반죽을 할 때 소금을 넣는 것을 잊어버리고 작업을 하는 경우가 있는데, 신기하게도 이렇게 빠진 소금의 맛은 그 다음 공정에 소금을 어떻게 넣어도 맛이 표현되지 않습니다. 소금이 빠진 빵은 밋밋한 맛은 물론이고 단맛조차도 느껴지지 않으며, 구움색도 나쁘고 오븐 스프링도 충분하지 않습니다. 한마디로 소금이 빠진 반죽으로는 절대 제대로 된 빵이 만들어지지 않는다는 것입니다.

또한 소금의 삼투압 현상은 이스트에 좋지 않은 영향을 끼칩니다. 이스트는 살아 있는 세포이기 때문에 소금이 닿으면 삼투압 현상으로 이스트가 죽어버리기 때문입니다. 따라서 반죽을 하기 위해 재료들을 믹싱볼에 담을 때는 최대한 이스트와 소금을 멀리 두는 것이 좋습니다.

반죽에 사용하는 소금은 입자가 너무 크지 않다면 어떤 것이든 사용이 가능하며, 소금빵 위에 토핑으로 올리는 소금은 고온에서 구워질 때 색이 변하지 않는 펄솔트나 암염을 사용하는 것이 좋습니다. 쿄 베이커리에서는 암염인 '트레샬tresal 안데스 소금(중간 소금)'을 토핑용 소금으로 사용하고 있습니다.

트레샬tresal 안데스 소금(중간 소금)

● 소금의 종류

천일염

: 현재 대한민국에서 판매되고 있는 가장 일반적인 소금

: 나트륨 함량이 낮고, 20%의 수분과 미네랄 성분이 함유되어 있어 오븐에서 구우면 미네랄 성분과 함께 타 회색으로 변합니다.

토판염

: 우리나라 토판염은 염전을 만들 때 장판을 미리 깔아 둔 후 바닷물을 끌어들이고 증발시켜 만듭니다. 원래는 염전을 계속 다지는 작업을 한 후 윗부분만 걸러낸 것을 토판염이라고 했는데, 지금은 생산량을 늘리기 위해 장판을 깔아서 염전을 생산하고 있습니다. (아래의 사진은 '게랑드 소금'으로 불리는 프랑스산 토판염입니다.)

: 천일염과 마찬가지로 수분과 미네랄 성분으로 인해 구웠을 때 회색으로 변합니다.

펄 솔트　　　　: 일명 '프레첼 소금'이라고 불리는 제품입니다.

　　　　　　　　: 장식용 소금이므로 소금빵 토핑용으로도 사용할 수 있습니다.

　　　　　　　　: 구웠을 때 색이 변하지 않습니다.

소금빵 전용 소금　: 일본의 팡 메종 pain maison 셰프님이 소금을 직접 만들고 블렌딩해 사용하는 것을 보고 쿄 베이커리에서도 해초 소금을 볶아서 사용 하다가 손이 너무 많이 가 기성품을 찾은 것이 바로 안데스 암염입 니다.

　　　　　　　　: 맛이 가장 부드러우며 이물질이 없어 깨끗합니다.

　　　　　　　　: 소금빵 위에 올라가는 토핑용으로 적당한 크기와 알갱이를 가지 고 있습니다.

　　　　　　　　: 구웠을 때 색이 변하지 않습니다.

③ 버터
BUTTER

최근 우리나라에도 다양한 종류의 버터가 수입됨과 동시에 베이커리 카페의 활성화로 버터에 대한 수요와 함께 일반 소비자들의 관심도 높아졌습니다.

소금빵에서도 버터의 역할은 맛과 향 그리고 식감을 좌우하는 중요한 재료이며 동시에 가격적인 측면에서도 큰 영향을 끼친다고 할 수 있습니다.

베이킹을 준비할 때 버터를 고르는 방법에는 몇 가지 포인트가 있습니다.

POINT 1. 가염 버터인지 무염 버터인지 확인합니다.

연압*
버터 알갱이를 이기는 조작. 염분과 수분을 고르게 섞어 버터의 질을 높이고 오래 저장할 수 있게 한다.

가염 버터는 버터를 연압*하는 공정에서 1.5% 전후의 식염을 넣어서 만듭니다. 무염 버터는 식염을 첨가하지 않은 원유 원래의 성분만으로 만든 것입니다. 가정에서 일반적으로 사용할 경우에는 가염 버터를 고르는 것이 먹기에 좋고 보존 기간도 길지만, 베이킹에서는 정확한 양의 소금을 넣어야 하기 때문에 무염 버터를 사용하는 것이 일반적입니다.

POINT 2. 발효 버터인지 비발효 버터인지 확인합니다.

발효 버터는 유산균으로 발효한 버터로 풍미가 좋으며 산미가 있는 것이 특징입니다. 끓여 사용하는 경우 농후한 향까지 느낄 수 있습니다. 따라서 풍미를 내고 싶은 구움과자나 요리에 많이 사용합니다. 예부터 내려오던 유럽 기술에서는 원유에서 크림을 분리하기 전에 자연적으로 젖산 발효가 되면서 유럽에서는 발효 버터가 주를 이뤘습니다. 버터 중 가장 비싼 편인 에쉬레**ECHIRE** 버터가 발효 버터에 속합니다.

**버터의
올바른
저장 방법**

❶ 온도와 공기, 빛에 매우 민감한 버터는 보존 방법에 따라 쉽게 변질되어 버리기 때문에 주의가 필요합니다. 일단 10℃ 이하에서 공기에 닿지 않도록 하며 강한 빛이나 냄새가 나는 것과 함께 두지 않도록 합니다.

❷ 버터는 한 번 녹으면 다시 냉장해서 굳혀도 원래의 풍미와 식감으로 돌아가기 힘들기 때문에 반드시 사용할 만큼만 꺼내 쓰고 냉장에서 보관합니다. (장시간 보관하는 경우 냉동 보관을 추천합니다.)

❸ 지방의 산화는 가장 나쁜 케이스입니다. 버터를 장시간 공기 중에 두지 않도록 하고 남은 제품은 반드시 랩핑을 하거나 밀봉하여 보관합니다.

앞서 말했듯이 버터는 맛과 풍미도 중요하지만, 베이커리에서 사용하는 재료 중 가장 비싼 재료이므로 어느 정도의 비슷한 맛과 풍미를 가진다면 가격을 고려하여 사용하는 것이 좋습니다. 원래 쿄 베이커리에서는 소금빵에 넣는 버터로 레스큐어 버터를 사용하고 있지만, 이번 책을 위해 다양한 버터를 테스트해보았습니다. 소금빵과 잘 어울린다고 생각한 버터 몇 가지를 소개하니 여러분들도 테스트해보시고 각자의 취향에 맞춰 사용하시길 바랍니다.

앵커Anchor 버터

앵커 버터는 다른 버터에 비해 노란빛을 띠는 것이 특징이며, 전반적으로 깔끔한 맛과 부드러운 향을 가지고 있습니다. 가격대가 저렴해 부담 없이 사용하기에도 좋습니다.

이즈니Isigny 버터

프랑스의 유명한 이즈니 버터는 여기에서 비교한 버터 제품 중 가장 부드러운 향을 가져 고객분들이 호불호 없이 드실 수 있는 버터입니다.

페이장 브레통paysan BRETON 버터

테스트한 제품 중 가장 특징이 강한 버터였습니다. 하얀 색감임에도 불구하고 처음부터 입에 넣자마자 느껴지는 강렬한 향이 엄청난 존재감을 과시합니다. 따라서 제품에 사용했을 때에도 호불호가 분명하게 나뉠 수 있으므로 내가 원하는 풍미와 일치하는지 테스트해보고 사용하시는 것을 추천합니다.

엘르앤비르Elle&Vire 버터

엘르앤비르는 처음에는 부드러우나 나중에 뒷맛이 올라오는 버터로, 페이장 버터 다음으로 강렬한 향을 느낄 수 있었던 제품입니다.

레스큐어LESCURE 버터

실제로 쿄 베이커리에서 사용하고 있는 버터입니다. 이 제품을 선택한 이유는 비싼 가격이 단점이긴 하지만 버터 고유의 맛과 향이 풍부하며 소금빵 안에서 버터가 주는 맛의 즐거움을 가장 잘 표현할 수 있는 제품이라고 판단했기 때문입니다.

2. 사진과 영상으로 이해하는 소금빵 주요 공정

① 믹싱

이 책에서 소개하는 소금빵 레시피는 가정용 버티컬 믹서(스파)를 기준으로 시간과 속도를 표기하였습니다.

최근에는 가정용 스파이럴 믹서도 많이 보급되어 있고, 실제 가정에서도 많이 사용하므로 반죽의 전 공정을 보여주는 아래의 영상은 스파이럴 믹서(베닉스)를 사용했습니다.

버티컬 믹서
(스파SPAR SP-800 믹서)

스파이럴 믹서
(베닉스VENIX V-7600 믹서)

사용하는 반죽기에 따라, 사용하는 재료에 따라, 작업장의 환경에 따라 믹싱의 시간과 속도는 달라집니다. 따라서 레시피북에 적힌 시간과 속도에만 의존하기보다는 아래의 영상을 참고하여 반죽의 상태를 직접 눈으로 확인하고 버터를 넣는 시점, 반죽의 마무리 시점을 확인하여 내가 가지고 있는 반죽기로 테스트해보시는 것이 가장 좋은 방법입니다.

소금빵 믹싱
영상으로 보기

---

* 믹싱 전 알아두어야 할 사항

- 실제 작업장에서는 대형 믹서로 작업하므로, 홈베이커의 기준에 맞춰 가정에서 주로 사용하는 소형 버티컬 믹서를 기준으로 시간과 속도를 체크해 레시피에 담았습니다.

- 빵은 동일한 제품을 만들더라도 계절과 온도, 습도 등의 영향을 받을 수밖에 없습니다. 저희 매장에서도 계절에 따라 반죽의 수분을 조금씩 가감해가며 제품을 생산하고 있습니다. 본 책의 레시피는 촬영한 9월을 기준으로 반죽의 수분 양을 작성했습니다.
  따라서 여름철이나 습한 날의 경우에는 레시피상의 수분을 3~5% 줄이고, 겨울철이나 건조한 날의 경우에는 레시피상의 수분을 2~3% 늘려 믹싱을 시작한 다음 반죽의 상태를 확인한 후 수분을 조절하는 것을 추천합니다. (수분을 조절하는 작업은 믹싱의 초반, 즉 본 책의 레시피상에서는 저속으로 믹싱할 때 결정해주는 것이 좋습니다.)

- 이 책에서는 saf사의 인스턴트드라이이스트를 사용하였습니다. 설탕이 들어가지 않는 통밀 소금빵을 제외하고는 모두 고당용을 사용했지만, 저당용을 사용해도 무방합니다. 세미드라이이스트를 사용할 경우 동량으로, 생이스트를 사용할 경우 2배로 늘려 사용합니다.

- 이 책의 레시피는 전체 배합을 한눈에 확인하기 쉽게 밀가루 1kg을 기준으로 작성되었습니다. 가정에서 작업하는 경우 1/2 배합으로 줄여도 좋습니다.

② 폴딩

소금빵을 만드는 데 있어 폴딩이 꼭 필수 과정은 아니라고 생각합니다. 이 책의 레시피에서 폴딩 작업을 하는 목적은 좀 더 쫄깃하고 탄력이 있는 식감으로 완성하기 위함이므로, 원하는 식감에 따라 폴딩 작업을 생략해도 무방합니다.

폴딩 작업은 반죽을 좌우로 한번 씩 접어준 후 위에서 아래로 말듯 가볍게 접어줍니다.

반죽 폴딩
영상으로 보기

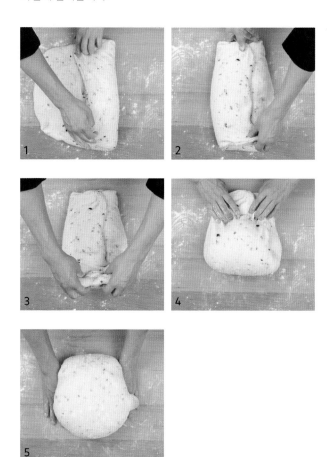

③ **성형** 쿄 베이커리의 소금빵은 길이가 짧고 동글동글한 귀여운 모양이 특징입니다. 만약 길이가 긴 소금빵을 만들고 싶다면, 반죽을 밀어 펼 때 윗면의 가로 길이가 더 길어지도록 만들어주세요.

소금빵 성형
영상으로 보기

1. 올챙이 모양으로 가성형한 반죽을 준비합니다.

2. 손바닥으로 가볍게 쳐 평평하게 만들어줍니다.

3. 밀대로 밀어 폅니다.

4. 한 손으로는 밀대로 밀어 펴고, 한 손으로는 반죽 아랫부분을 살살 늘려주며 밀어 폅니다.

5. 약 20~25cm 길이로 밀어 편 반죽을 뒤집어 매끈한 면이 바깥으로 오게 한 후 잘라둔 버터를 올려줍니다.

6. 반죽 윗부분으로 버터를 감싸듯 말아줍니다.

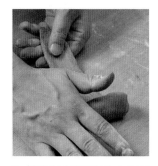

7. 버터가 감싸지면 한 손으로는 반죽을 돌돌 말고, 한 손으로는 반죽 아랫부분을 당기듯 살살 늘려주며 끝까지 말아줍니다.

8. 성형을 마친 모습입니다.

④ **2차 발효 상태 확인하기**

2차 발효가 완료된 반죽은 발효 전과 비교했을 때 약 1.5배 정도 부푼 상태입니다. 밑면의 반죽 정중앙은 철판에 붙어 있고 가장자리는 살짝 떠 있는 상태가 발효가 적정하게 이루어진 상태이며, 만약 밑면이 전체가 철판에 붙어 있으면 과발효된 상태로 볼 수 있습니다. 또한 철판을 살짝 흔들었을 때 찰랑찰랑 흔들립니다.

발효 전   발효 후

소금빵 2차 발효 상태 영상으로 확인하기

---

* 발효기 없이 발효하는 방법

① 분할하지 않은 벌크 형태의 반죽을 발효하는 경우 (1차 발효)

: 반죽이 담긴 브레드박스에 따뜻한 물을 담은 그릇을 넣고 브레드박스 뚜껑을 덮어 발효합니다.

② 성형한 반죽을 발효하는 경우 (2차 발효)

: 철판에 성형한 반죽을 올리고 여유 공간에 따뜻한 물을 담은 그릇을 올린 후 철판보다 큰 브레드박스를 뚜껑처럼 덮어 발효합니다.

¹ ORIGINAL SALTED BREAD

오리지널 소금빵

쿄 베이커리에서 가장 많이 팔리는 시그니처 제품으로 일반 밀가루에 비해 2~3배 비싼 아바론 밀가루를 사용하여 소금빵만이 구현할 수 있는 쫄깃하면서도 씹을수록 은은하게 퍼지는 밀가루의 풍미를 느끼실 수 있습니다. 그리고 여기에 AOC등급의 최고급 프랑스 버터인 레스큐어까지 더하여 제대로 만든 시오빵의 진면목을 보여줍니다.

INGREDIENTS | 재료 (약 32개 분량)

아바론 밀가루	1,000g
설탕	100g
소금	20g
인스턴트드라이이스트 (saf)	10g
우유	100g
연유	50g
물	620g
버터	50g
총	1,950g

FILLING | 충전용 버터

1×1×5cm로 자른 무염 버터 (약 10~15g)

TOPPING | 토핑

암염　　적당량

HOW TO MAKE

① 믹싱볼에 버터를 제외한 모든 재료를 넣고 저속으로 약 3분, 중속으로 약 5분간 믹싱한다.

POINT 아바론 밀가루가 아닌 다른 밀가루(코끼리 강력분 등)를 사용할 경우 물의 양을 3~5% 정도로 줄여 사용한다.
연유 대신 꿀이나 물엿을 사용해도 또다른 풍미를 느낄 수 있다.

② 반죽이 볼에서 떨어지고 한 덩이가 되면 버터를 넣고 중속으로 약 6~7분간 믹싱한다.

③ 완성된 반죽은 표면이 매끄럽고 깨끗하며 윤기가 돌고, 적당한 탄력을 가진 상태이다. 천천히 반죽을 늘려 폈을 때 쉽게 끊어지지 않으며, 투명하고 얇은 막처럼 보이면 반죽이 잘 된 상태이다. (최종 반죽 온도 26~28℃)

④ 반죽을 브레드박스에 넣고 27℃-78%에서 약 50분간 발효한 후 폴딩을 하고 다시 약 60분간 1차 발효한다.

POINT 발효를 마친 반죽은 약 1.5배 부푼 상태이다.
반드시 폴딩을 해야 하는 것은 아니지만, 좀 더 쫄깃한 식감을 원한다면 폴딩을 하는 것이 좋다.

⑤ 1차 발효를 마친 반죽을 60g으로 분할한 후 가볍게 둥글리기한다.

POINT 반죽을 만졌을 때 반죽이 아기의 볼과 같이 부드러운 탄력을 가지고 있으며,
안쪽으로 뒤집었을 때 거미줄과 같은 그물망이 보이면 발효가 잘 이루어진 상태이다.
발효가 부족하거나 지나치면 제품의 완성도가 떨어지므로 발효의 상태를
잘 확인한 후 분할한다.

⑥ 분할한 반죽을 올챙이 모양으로 가성형한다.

POINT 올챙이 모양으로 가성형을 하기 전에 너무 강한 힘으로 둥글리기를 하면 탄력에 의해
반죽이 수축되므로 올챙이 모양으로 만들기 어려울 수 있으니 주의한다.
초보자의 경우 올챙이 모양을 길게 만들면 성형 과정이 좀 더 수월하다.

⑦ 반죽이 마르지 않도록 비닐을 덮어 약 20분간 벤치타임을 준다.

⑧ 벤치타임을 마친 반죽은 덧가루를 뿌려가며 손으로 잡고 밀어 펴 여분의
가스를 뺀 후 역삼각형으로 만든다.

⑨ 반죽을 뒤집어 매끈한 쪽이 바닥으로 향하게 한 후, 충전용 버터를 올리고
감싸듯 말아준다.

⑩ 32°C-85%에서 약 60분간 2차 발효한다.

POINT 발효를 마친 반죽은 약 1.5~2배 부푼 상태이다.

⑪ 반죽에 물을 분사한다.

⑫ 반죽 중앙에 암염을 뿌린 후 데크 오븐 기준 윗불 220°C,
아랫불 160°C에서 스팀을 주고 약 13분간 굽는다.

POINT 컨벡션 오븐의 경우 180~190°C로 예열된 오븐에서 약 12~15분간 굽는다.

〔 밀가루에 따라 달라지는 소금빵의 맛과 식감 〕

① 아바론 밀가루로 만드는 소금빵

INGREDIENTS

아바론 밀가루	**1,000g**
설탕	100g
소금	20g
인스턴트 드라이이스트 (saf)	10g
우유	100g
연유	50g
물	620g
버터	50g
총	1,950g

캐나다산 최고급 밀가루인 아바론 강력분을 사용한 쿄 베이커리의 시그니처 제품입니다. 반짝이는 듯한 광택이 나는 하얀 내상과 풍부한 향 그리고 고급스러운 밀가루의 깊은 맛까지 소금빵을 위한 모든 것을 갖춘 밀가루라고 해도 과언이 아닙니다. 원래는 K블레소레이유 밀가루를 사용했었는데, 지난번 마루비시 전시회에서 세미나 때 사용해본 후 가격대는 높지만 역시나 그만큼 맛있는 소금빵으로 만들어져 올해 초부터 쿄 베이커리에서도 아바론 100%를 사용한 소금빵을 판매하고 있습니다. 다른 밀가루와의 가장 큰 차별점이라면 쫄깃한 식감이라고 하고 싶네요. 쫄깃쫄깃한 식감의 소금빵을 만들고 싶으신 분들께 강력 추천합니다.

② K블레소레이유 밀가루로 만드는 소금빵

INGREDIENTS

K블레소레이유 밀가루	**1,000g**
설탕	60g
소금	18g
인스턴트 드라이이스트 (saf)	12g
분유	30g
물	750g
버터	100g
총	1,970g

K블레소레이유는 아바론 밀가루를 사용하기 전에 쿄 베이커리에서 소금빵에 사용하던 밀가루입니다. 이 밀가루는 매우 고운 입자를 가지는 것이 특징으로 그만큼 수율이 올라가 부드럽고 촉촉한 소금빵으로 완성됩니다. 일반적인 소금빵 배합에서 2~3% 정도 수분량을 늘려주면 더 맛있는 소금빵으로 만들어집니다.

③ 일반 강력분으로 만드는 소금빵

INGREDIENTS

강력분 (코끼리)	**1,000g**
설탕	60g
소금	18g
인스턴트 드라이이스트 (saf)	12g
분유	30g
물	750g
버터	100g
총	1,970g

한국을 대표하는 밀가루 회사인 대한제분 제품의 간판 상품이자 가장 대중적인 밀가루로, 쿄 베이커리가 처음 소금빵을 만들기 시작했을 때 사용했던 밀가루이기도 합니다. 합리적인 가격대와 함께 가장 기본이 되는 맛과 식감의 소금빵을 만들기 원하시는 분들에게 추천합니다.

④ 일반 강력분 + T65 밀가루로 만드는 소금빵

INGREDIENTS

강력분 (코끼리)	**700g**
아뺑드 밀가루 T65 (대한제분)	**300g**
설탕	60g
소금	18g
인스턴트 드라이이스트 (saf)	12g
분유	30g
물	750g
버터	100g
총	1,970g

앞에서 말한 대한제분의 강력분 코끼리 밀가루와 이번에 대한제분에서 처음으로 출시한 프랑스빵용 밀가루인 T65를 7:3으로 블렌딩한 배합입니다. 강력분에 비해 단백질 함량이 적은 T65 밀가루는 회분 등 다른 성분이 더해져서 소금빵에 부드러움과 풍미를 더해줍니다. 또한 구워져 나온 후 겉은 바삭하고 속은 촉촉한 느낌이 도드라지는 것이 큰 특징이랍니다.

⑤ 크랙 소금빵

INGREDIENTS

강력분 (코끼리)	800g
아뺑드 밀가루 T65 (대한제분)	200g
설탕	60g
소금	18g
인스턴트 드라이이스트 (saf)	12g
쇼트닝 또는 버터	30g
물	650g
우유	100g
총	1,870g

크랙 소금빵은 오리지널 소금빵에서 조금 더 바삭바삭한 느낌을 살리고자 고안된 제품이랍니다. 특히 표면에 갈라진 모양이 윗면에 뿌려진 소금과 아찔한 대비를 이루면서 베이커리 카페에서 많이 만드는 제품이기도 하죠.

이렇게 표면이 바삭하게 되기 위해서는 일반적인 소금빵 배합에 비해 버터와 설탕의 함량을 줄이면 됩니다. 한마디로 바게트 반죽에 가까운 상태로 만들어주면 된다는 것이죠.

그만큼 담백한 맛이 일품으로 깔끔한 맛의 소금빵을 즐길 수 있습니다. 굽기 전에 반죽 표면이 어느 정도 마른 후에 구우면 더욱 바삭한 모양의 크랙이 만들어집니다.

* 크랙이 생성되는 요인

크랙이 생성되는 요인은 여러 가지가 있을 수 있지만, 그중에서도 꼭 필요한 것이 바로 스팀 작업입니다. 2차 발효가 끝나면 반죽을 꺼내 어느 정도 말려주어 표면이 말라져 있을 때 물을 뿌린 후 오븐에 넣고 스팀을 주면 제품이 구워져 나왔을 때 타닥타닥하는 소리와 함께 식어가면서 크랙이 생깁니다. 이는 바게트와 같은 하드 계열 빵들에서 흔히 볼 수 있는 현상으로, 재료에도 설탕이나 버터들이 소량으로 들어가야 합니다. 다른 배합들도 설탕이나 버터(유지), 분유 등 반죽을 연화시키는 재료들이 적게 들어가면 크랙 생성이 가능합니다.

² RICE SALTED BREAD

쌀 소금빵

올해 대한민국 제빵업계의 키워드 중 하나인 쌀가루로 만든 소금빵입니다. 여기에서는 강력분의 일부를 쌀가루로 대체해(30%) 좀 더 가볍고 바삭한 식감의 소금빵으로 완성했습니다. 쌀이 주는 부드러운 단맛과 풍미를 느낄 수 있는 제품입니다. 현재 시중에는 다양한 쌀가루 제품이 나와 있으니 강력쌀가루나 중력쌀가루를 배합의 일부와 바꿔 내 입맛에 맞춘 쌀 소금빵을 만들어보시길 바랍니다.

INGREDIENTS | 재료 (약 30개 분량)

강력분	600g
박력분	100g
강력쌀가루 (대두식품)	300g
설탕	10g
소금	16g
인스턴트드라이이스트 (saf)	10g
쇼트닝 또는 버터	30g
물	650g
우유	100g
총	1,816g

FILLING | 충전용 버터

1×1×5cm로 자른 무염 버터 (약 10~15g)

TOPPING | 토핑

암염   적당량

HOW TO MAKE

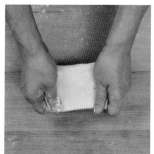

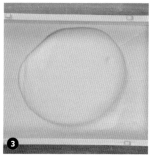

> *** 제빵개량제 대체제**
> 제빵개량제가 없는 경우 비타민C나 박카스로 대체할 수 있다. 이 경우
> 수분이 추가되는 만큼 반죽에 사용하는 물을 줄여주어야 한다.
>
> **❶ 비타민C(레모나 등)**
> : 물 100g에 레모나 1봉지(2g)를 섞은 후 밀가루 1kg당 10g을
>   계량해 사용한다.
>
> **❷ 박카스**
> : 밀가루 1kg당 박카스 1병(120ml)을 사용한다.

①   믹싱볼에 쇼트닝(또는 버터)를 제외한 모든 재료를 넣고 저속으로 약 3분,
   중속으로 약 5분간 믹싱한 후 버터를 넣고 약 5분간 믹싱한다.

POINT   박력분을 사용한 이유는 좀 더 바삭한 식감을 주기 위해서이다. 만약 박력분을
   생략하는 경우 강력분 700g을 사용한다.
   여기에서는 제빵개량제를 사용하지 않았지만, 밀가루 대비 0.1% 정도(여기에서는
   1g)의 양을 첨가하면 좀 더 안정적인 제품으로 완성할 수 있다.

②   완성된 반죽은 표면이 매끄럽고 깨끗하며 윤기가 돌고, 적당한 탄력을 가진
   상태이다. 천천히 반죽을 늘려 폈을 때 쉽게 끊어지지 않으며, 투명하고
   얇은 막처럼 보이면 반죽이 잘 된 상태이다. (최종 반죽 온도 26~28℃)

③   반죽을 브레드박스에 넣고 27℃-78%에서 약 50분간 발효한 후
   폴딩을 하고 다시 약 60분간 1차 발효한다.

POINT   발효를 마친 반죽은 약 1.5배 부푼 상태이다.
   반드시 폴딩을 해야 하는 것은 아니지만, 좀 더 쫄깃한 식감을 원한다면 폴딩을
   하는 것이 좋다.

④ 1차 발효를 마친 반죽을 60g으로 분할한 후 가볍게 둥글리기한다.

POINT 반죽을 만졌을 때 반죽이 아기의 볼과 같이 부드러운 탄력을 가지고 있으며, 안쪽으로 뒤집었을 때 거미줄과 같은 그물망이 보이면 발효가 잘 이루어진 상태이다. 발효가 부족하거나 지나치면 제품의 완성도가 떨어지므로 발효의 상태를 잘 확인한 후 분할한다.

⑤ 분할한 반죽을 올챙이 모양으로 가성형한다.

POINT 올챙이 모양으로 가성형을 하기 전에 너무 강한 힘으로 둥글리기를 하면 탄력에 의해 반죽이 수축되므로 올챙이 모양으로 만들기 어려울 수 있으니 주의한다. 초보자의 경우 올챙이 모양을 길게 만들면 성형 과정이 좀 더 수월하다.

⑥ 반죽이 마르지 않도록 비닐을 덮어 약 20~30분간 벤치타임을 준다.

⑦ 벤치타임을 마친 반죽은 덧가루를 뿌려가며 손으로 잡고 밀어 펴 여분의 가스를 뺀 후 역삼각형으로 만든다.

⑧ 반죽을 뒤집어 매끈한 쪽이 바닥으로 향하게 한 후, 충전용 버터를 올리고 감싸듯 말아준다.

⑨   32℃-85%에서 약 60분간 2차 발효한다.

POINT 발효를 마친 반죽은 약 1.5~2배 부푼 상태이다.

⑩   반죽에 물을 분사한다.

⑪   반죽 중앙에 암염을 뿌린 후 데크 오븐 기준 윗불 230℃,
        아랫불 160℃에서 스팀을 주고 약 12~14분간 굽는다

POINT 컨벡션 오븐의 경우 180~190℃로 예열된 오븐에서 약 12~13분간 굽는다.

3 WHOLE WHEAT SALTED BREAD `Vegan`

통밀 소금빵

통밀은 제분하기 전의 밀가루로 섬유질, 비타민, 무기질 등이 풍부하여 영양학적으로 우수할 뿐만아니라 식이섬유도 많아 체중 감량에도 도움이 되며 혈당 상승도 막아준다고 합니다. 대신 특유의 거친 식감으로 인해 호불호가 있을 수 있죠. 여기에서는 통밀가루를 프랑스산 밀가루, 호밀가루와 함께 사용하여 다양한 식감과 풍미를 즐길 수 있도록 하였습니다.

INGREDIENTS | 재료 (약 28개 분량)

아빵드 밀가루 T65 (대한제분)	800g
통밀가루	100g
호밀가루	100g
소금	20g
인스턴트드라이이스트 (saf)	15g
물	680g
몰트엑기스 (마루비시 몰트에이스)	20g
총	1,735g

*비건 레시피

통밀 소금빵은 동물성 재료가 들어가지 않은 비건 레시피입니다. 버터를 식물성 쇼트닝이나 식물성 오일(포도씨유, 올리브오일 등)로 대체하고, 우유를 물로 대체하면 이 책에서 소개하는 다른 레시피들도 충분히 비건 제품으로 만들 수 있습니다. (단, 식물성 오일로 대체하는 경우 수분의 양을 줄여 반죽의 되기를 적당하게 맞춰주어야 합니다.)

FILLING | 충전용 버터

1 × 1 × 5cm로 자른 무염 버터 (약 10~15g)

TOPPING | 토핑

12곡 믹스 다크 (베이크플러스)   적당량

HOW TO MAKE

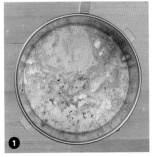
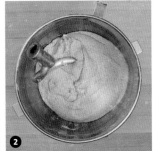

① 믹싱볼에 모든 재료를 넣고 저속으로 약 3분, 중속으로 약 5분간 믹싱한다.

POINT T65 밀가루가 없다면 강력분으로 대체해도 좋다.
몰트엑기스를 사용하는 이유는 좀 더 깊은 풍미를 주기 위함이며, 없는 경우
생략해도 좋다. (단, 몰트엑기스를 생략하는 경우 그만큼의 물을 추가해주어야 한다.)

② 완성된 반죽은 표면이 매끄럽고 깨끗하며 윤기가 돌고, 적당한 탄력을 가진
상태이다. 천천히 반죽을 늘려 폈을 때 쉽게 끊어지지 않으며, 투명하고
얇은 막처럼 보이면 반죽이 잘 된 상태이다.
(최종 반죽 온도 26~28°C)

③ 반죽을 브레드박스에 넣고 27°C-78%에서 약 50분간 발효한 후
폴딩을 하고 다시 60분간 1차 발효한다.

POINT 발효를 마친 반죽은 약 1.5배 부푼 상태이다.
반드시 폴딩을 해야 하는 것은 아니지만, 좀 더 쫄깃한 식감을 원한다면 폴딩을
하는 것이 좋다.

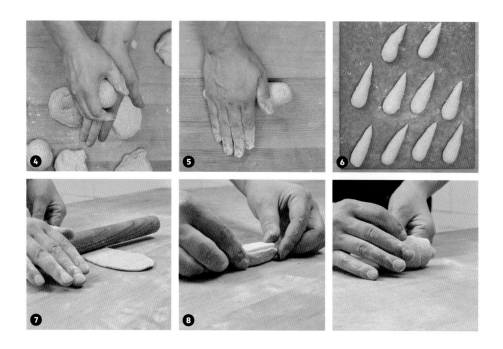

④ 1차 발효를 마친 반죽을 60g으로 분할한 후 가볍게 둥글리기한다.

POINT 반죽을 만졌을 때 반죽이 아기의 볼과 같이 부드러운 탄력을 가지고 있으며,
안쪽으로 뒤집었을 때 거미줄과 같은 그물망이 보이면 발효가 잘 이루어진 상태이다.
발효가 부족하거나 지나치면 제품의 완성도가 떨어지므로 발효의 상태를
잘 확인한 후 분할한다.

⑤ 분할한 반죽을 올챙이 모양으로 가성형한다.

POINT 올챙이 모양으로 가성형을 하기 전에 너무 강한 힘으로 둥글리기를 하면 탄력에 의해
반죽이 수축되므로 올챙이 모양으로 만들기 어려울 수 있으니 주의한다.
초보자의 경우 올챙이 모양을 길게 만들면 성형 과정이 좀 더 수월하다.

⑥ 반죽이 마르지 않도록 비닐을 덮어 약 20분간 벤치타임을 준다.

⑦ 벤치타임을 마친 반죽은 덧가루를 뿌려가며 손으로 잡고 밀어 펴 여분의
가스를 뺀 후 역삼각형으로 만든다.

⑧ 반죽을 뒤집어 매끈한 쪽이 바닥으로 향하게 한 후, 충전용 버터를
올리고 감싸듯 말아준다.

⑨ 반죽 표면에 물을 묻힌다.

⑩ 12곡 믹스 다크를 묻힌다.

POINT 반죽 윗면에 골고루 묻을 수 있도록 누르면서 묻혀준다.

⑪ 32℃-85%에서 약 60분간 2차 발효한다.

POINT 발효를 마친 반죽은 약 1.5~2배 부푼 상태이다.

⑫ 데크 오븐 기준 윗불 220℃, 아랫불 160℃에서 스팀을 주고 약 12~14분간 굽는다.

POINT 컨벡션 오븐의 경우 180~190℃로 예열된 오븐에서 약 12~13분간 굽는다.

⁴ CHOCOLATE SALTED BREAD

초코 소금빵

초코 소금빵은 단짠의 조화를 그대로 나타내주는 제품입니다. 쿄 베이커리 오리지널 소금빵 배합에 코코아파우더를 첨가한 후 초콜릿을 코팅해 초콜릿의 맛을 한번 더 강조했습니다. 저도 이번에 처음 만들어보았는데, 고급스러운 초콜릿 맛이 소금빵과 참 잘 어울려 만족했던 제품입니다. 다가오는 연말연시 파티에 내놓으면 인기를 얻을 만한 제품이랍니다.

INGREDIENTS | 재료 (약 33개 분량)

아바론 밀가루	1,000g
코코아파우더	40g
설탕	100g
소금	20g
인스턴트드라이이스트 (saf)	10g
우유	100g
연유	50g
물	660g
버터	50g
총	2,030g

TOPPING | 토핑

다크 코팅 초콜릿 (카카오바리, 브룬**Brune**)	적당량
토핑용 소금	적당량
토핑용 펄 초콜릿 (칼리바우트 모나리자 밀크 초콜릿 크리스펄)	

FILLING | 충전용 초콜릿 버터

커버추어 초콜릿(다크, 밀크, 화이트 선택 가능)과 버터를 1:1 비율로 믹싱한 후 굳혀 1 × 1 × 5cm로 잘라 사용한다. (약 10~15g)

POINT 코코아파우더를 첨가하면(전체 양의 10%) 좀 더 쉽게 섞을 수 있다.

HOW TO MAKE

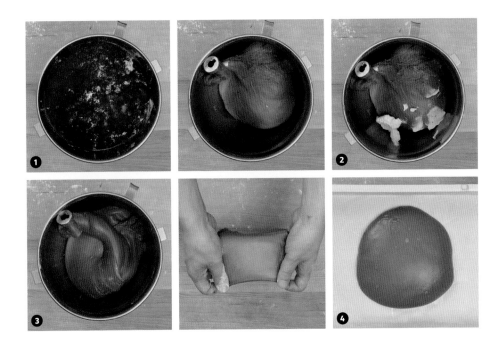

① 믹싱볼에 버터를 제외한 모든 재료를 넣고 저속으로 약 3분, 중속으로 약 5분간 믹싱한다.

POINT 코코아파우더는 다른 첨가물이 들어가지 않은 100% 코코아파우더를 사용한다.

② 반죽이 볼에서 떨어지고 한 덩이가 되면 버터를 넣고 중속으로 약 4분간 믹싱한다.

③ 완성된 반죽은 표면이 매끄럽고 깨끗하며 윤기가 돌고, 적당한 탄력을 가진 상태이다. 천천히 반죽을 늘려 폈을 때 쉽게 끊어지지 않으며, 투명하고 얇은 막처럼 보이면 반죽이 잘 된 상태이다.
(최종 반죽 온도 26~28℃)

④ 반죽을 브레드박스에 넣고 27℃-78%에서 약 60분간 발효한 후 폴딩을 하고 다시 약 60분간 1차 발효한다.

POINT 발효를 마친 반죽은 약 1.5배 부푼 상태이다.
반드시 폴딩을 해야 하는 것은 아니지만, 좀 더 쫄깃한 식감을 원한다면 폴딩을 하는 것이 좋다.

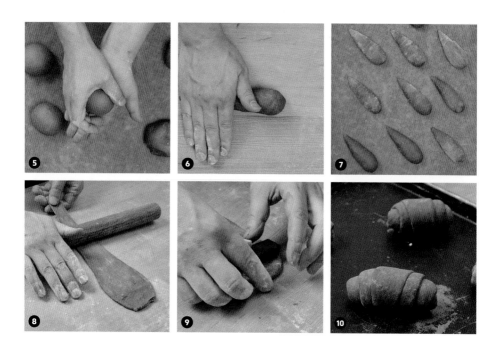

⑤　1차 발효를 마친 반죽을 60g으로 분할한 후 가볍게 둥글리기한다.

POINT 반죽을 만졌을 때 반죽이 아기의 볼과 같이 부드러운 탄력을 가지고 있으며, 안쪽으로
　　　뒤집었을 때 거미줄과 같은 그물망이 보이면 발효가 잘 이루어진 상태이다. 발효가
　　　부족하거나 지나치면 제품의 완성도가 떨어지므로 발효의 상태를 잘 확인한 후 분할한다.

⑥　분할한 반죽을 올챙이 모양으로 가성형한다.

POINT 올챙이 모양으로 가성형을 하기 전에 너무 강한 힘으로 둥글리기를 하면 탄력에 의해
　　　반죽이 수축되므로 올챙이 모양으로 만들기 어려울 수 있으니 주의한다. 초보자의 경우
　　　올챙이 모양을 길게 만들면 성형 과정이 좀 더 수월하다.

⑦　반죽이 마르지 않도록 비닐을 덮어 약 20분간 벤치타임을 준다.

⑧　벤치타임을 마친 반죽은 덧가루를 뿌려가며 손으로 잡고 밀어 펴 여분의
　　가스를 뺀 후 역삼각형으로 만든다.

⑨　반죽을 뒤집어 매끈한 쪽이 바닥으로 향하게 한 후, 충전용 초콜릿 버터를
　　올리고 감싸듯 말아준다.

⑩　32℃-85%에서 약 60분간 2차 발효한다.

POINT 발효를 마친 반죽은 약 1.5~2배 부푼 상태이다.

(11) 데크 오븐 기준 윗불 220℃, 아랫불 160℃에서 약 13분간 굽는다.

POINT 컨벡션 오븐의 경우 160~180℃로 예열된 오븐에서 약 12~13분간 굽는다.

(12) 녹인 다크 코팅 초콜릿을 준비한다.

POINT 녹인 초콜릿의 온도가 낮을수록 두껍게 코팅된다.

(13) 소금빵 윗면을 코팅한다.

(14) 취향에 따라 소금이나 펄 초콜릿을 올려 마무리한다.

여기에서 사용하는 토핑용
소금은 오븐에서 구워지지
않아 색이 변하지 않으므로
좀 더 다양한 선택이 가능합
니다. 결정 형태의 중간 입자
토판염을 뿌리면 보기에도
예쁘고 바스라지는 식감도
매력적입니다.

⁵ SQUID INK SALTED BREAD

오징어먹물 소금빵

오징어먹물 소금빵은 K블레소레이유 배합에 오징어먹물을 첨가하여 블랙푸드로 만들어
본 제품이랍니다. 이탈리아 요리에서 착안하여 내용물 역시도 고르곤졸라 치즈를 사용하
고, 소금빵 윗면에 꿀을 토핑해 완성했어요. 은은한 오징어먹물의 향이 짭조름한 치즈와 잘
어울리며 마지막에 달콤한 꿀 향이 포인트를 줍니다.

INGREDIENTS | 재료 (약 33개 분량)

K블레소레이유 밀가루	1,000g
설탕	60g
소금	18g
인스턴트드라이이스트 (saf)	12g
분유	30g
물	730g
오징어먹물	30g
버터	100g
총	1,980g

TOPPING | 토핑

꿀	적당량
암염	적당량

FILLING | 충전용 고르곤졸라 버터

고르곤졸라 치즈와 버터를 1:5 비율로
섞은 후 굳혀 1 × 1 × 5cm로 잘라 사용한다.
(약 10~15g)

HOW TO MAKE

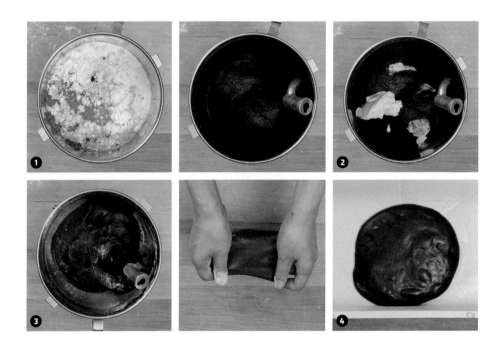

① 믹싱볼에 버터를 제외한 모든 재료를 넣고 저속으로 약 3분, 중속으로 약 5분간 믹싱한다.

② 반죽이 볼에서 떨어지고 한 덩이가 되면 버터를 넣고 중속으로 약 4분 30초 믹싱한다.

POINT 반죽이 마무리된 후 에멘탈 슈레드 치즈를 넣고(밀가루 대비 약 10%) 가볍게 섞어주면 치즈의 풍미가 느껴지는 소금빵으로 만들 수 있다.

③ 완성된 반죽은 표면이 매끄럽고 깨끗하며 윤기가 돌고, 적당한 탄력을 가진 상태이다. 천천히 반죽을 늘려 폈을 때 쉽게 끊어지지 않으며, 투명하고 얇은 막처럼 보이면 반죽이 잘 된 상태이다. (최종 반죽 온도 26~28℃)

POINT 이 책에서 소개하는 다른 소금빵 반죽에 비해 좀 더 탄력이 좋은 것이 특징이다.

④ 반죽을 브레드박스에 넣고 27℃-78%에서 약 50분간 발효한 후 폴딩을 하고 다시 60분간 1차 발효한다.

POINT 발효를 마친 반죽은 약 1.5배 부푼 상태이다.
반드시 폴딩을 해야 하는 것은 아니지만, 좀 더 쫄깃한 식감을 원한다면 폴딩을 하는 것이 좋다.

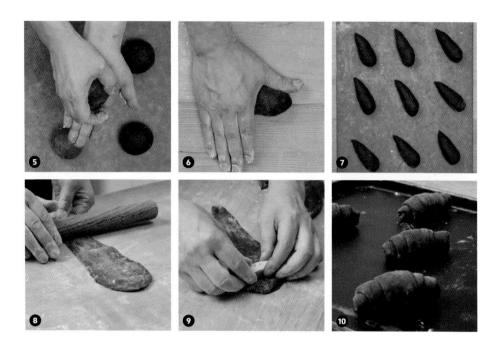

⑤ 1차 발효를 마친 반죽을 60g으로 분할한 후 가볍게 둥글리기한다.

POINT 반죽을 만졌을 때 반죽이 아기의 볼과 같이 부드러운 탄력을 가지고 있으며, 안쪽으로
뒤집었을 때 거미줄과 같은 그물망이 보이면 발효가 잘 이루어진 상태이다. 발효가 부족
하거나 지나치면 제품의 완성도가 떨어지므로 발효의 상태를 잘 확인한 후 분할한다.

⑥ 분할한 반죽을 올챙이 모양으로 가성형한다.

POINT 올챙이 모양으로 가성형을 하기 전에 너무 강한 힘으로 둥글리기를 하면 탄력에 의해
반죽이 수축되므로 올챙이 모양으로 만들기 어려울 수 있으니 주의한다.
초보자의 경우 올챙이 모양을 길게 만들면 성형 과정이 좀 더 수월하다.

⑦ 반죽이 마르지 않도록 비닐을 덮어 약 20분간 벤치타임을 준다.

⑧ 벤치타임을 마친 반죽은 덧가루를 뿌려가며 손으로 잡고 밀어 펴 여분의
가스를 뺀 후 역삼각형으로 만든다.

⑨ 반죽을 뒤집어 매끈한 쪽이 바닥으로 향하게 한 후, 충전용 고르곤졸라
버터를 올리고 감싸듯 말아준다.

⑩ 32℃-85%에서 약 60분간 2차 발효한다.

POINT 발효를 마친 반죽은 약 1.5~2배 부푼 상태이다.

⑪ 반죽 표면에 물을 분사한다.

⑫ 반죽 중앙에 암염을 뿌린 후 데크 오븐 기준 윗불 220℃,
      아랫불 160℃에서 약 13분간 굽는다.

POINT 컨벡션 오븐의 경우 160~170℃로 예열된 오븐에서 약 12~13분간 굽는다.
      취향에 따라 구워져 나온 소금빵에 꿀을 뿌리거나 마이크로 피펫에 꿀을 넣어
      꽂아주어도 좋다.
      먹물 소금빵은 반죽의 색이 까맣기 때문에 제대로 구워진 것인지 확인하기
      어려울 수 있다. 표면을 눌렀을 때 껍질의 단단함이 느껴지고 구움색이 살짝 보이면
      잘 구워진 상태이다.

FORSYTHIA SALTED BREAD

개나리 소금빵

노란 강황과 단호박에서 추출한 천연 색소를 이용하여 만든 개나리 컬러가 느껴지는 소금 빵입니다. 강황은 카레의 재료로도 알려져 있고, 천연 염료에서 각종 영양제까지 다양한 방면으로 사용되고 있는 만능 재료이지요. 레시피 그대로 만드는 소금빵도 좋지만, 가끔은 남는 재료를 활용해 스페셜한 소금빵에도 도전해보세요.

INGREDIENTS | 재료 (약 33개 분량)

K블레소레이유 밀가루	1,000g
단호박가루	40g
강황가루	20g
설탕	60g
소금	18g
인스턴트드라이이스트 (saf)	12g
분유	30g
물	740g
버터	100g
총	2,020g

FILLING | 충전용 버터

1 × 1 × 5cm로 자른 무염 버터 (약 10~15g)

TOPPING | 토핑

꿀	적당량
암염	적당량

① 믹싱볼에 버터를 제외한 모든 재료를 넣고 저속으로 약 3분, 중속으로
  약 5분간 믹싱한다.

② 반죽이 볼에서 떨어지고 한 덩이가 되면 버터를 넣고 중속으로 약 4분
  믹싱한다.

③ 완성된 반죽은 표면이 매끄럽고 깨끗하며 윤기가 돌고, 적당한 탄력을 가진
  상태이다. 천천히 반죽을 늘려 폈을 때 쉽게 끊어지지 않으며, 투명하고
  얇은 막처럼 보이면 반죽이 잘 된 상태이다.
  (최종 반죽 온도 26~28℃)

④ 반죽을 브레드박스에 넣고 27℃-78%에서 약 60분간 발효한 후
  폴딩을 하고 다시 60분간 1차 발효한다.

POINT 발효를 마친 반죽은 약 1.5배 부푼 상태이다.
  반드시 폴딩을 해야 하는 것은 아니지만, 좀 더 쫄깃한 식감을 원한다면
  폴딩을 하는 것이 좋다.

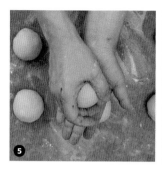  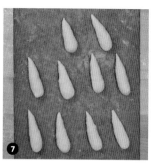

⑤ 1차 발효를 마친 반죽을 60g으로 분할한 후 가볍게
   둥글리기한다.

POINT 반죽을 만졌을 때 반죽이 아기의 볼과 같이 부드러운 탄력을 가지고 있으며,
        안쪽으로 뒤집었을 때 거미줄과 같은 그물망이 보이면 발효가 잘 이루어진 상태이다.
        발효가 부족하거나 지나치면 제품의 완성도가 떨어지므로 발효의 상태를
        잘 확인한 후 분할한다.

⑥ 분할한 반죽을 올챙이 모양으로 가성형한다.

POINT 올챙이 모양으로 가성형을 하기 전에 너무 강한 힘으로 둥글리기를 하면 탄력에 의해
        반죽이 수축되므로 올챙이 모양으로 만들기 어려울 수 있으니 주의한다.
        초보자의 경우 올챙이 모양을 길게 만들면 성형 과정이 좀 더 수월하다.

⑦ 반죽이 마르지 않도록 비닐을 덮어 약 20분간 벤치타임을 준다.

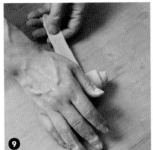

⑧ 벤치타임을 마친 반죽은 덧가루를 뿌려가며 손으로 잡고 밀어 펴 여분의 가스를 뺀 후 역삼각형으로 만든다.

⑨ 반죽을 뒤집어 매끈한 쪽이 바닥으로 향하게 한 후, 충전용 버터를 올리고 감싸듯 말아준다.

⑩ 32℃-85%에서 약 60분간 2차 발효한다.

POINT 발효를 마친 반죽은 약 1.5~2배 부푼 상태이다.

⑪ 데크 오븐 기준 윗불 160℃, 아랫불 120℃에서 약 13~15분간 굽는다.

POINT 컨벡션 오븐의 경우 140℃로 예열된 오븐에서 약 13~15분간 굽는다.
노란색으로 완성되는 것이 중요하므로 구움색이 너무 진하지 않게 낮은 온도로 굽는다.
취향에 따라 꿀을 뿌리거나 암염을 뿌려도 좋다.

AUTUMN COLORS SALTED BREAD

단풍 소금빵

베이커리에서 붉은색을 내기 위해 가장 많이 사용하는 재료인 홍국쌀가루를 넣어서 만든 소금빵입니다. 앞에서 소개한 쌀 소금빵과 마찬가지로 쌀가루 특유의 부드럽게 끊어지는 식감을 느낄 수 있는 제품이지요. 베이커리 매장에 진열하면 붉은색이 돋보여 포인트를 줄 수도 있답니다.

INGREDIENTS | 재료 (약 32개 분량)

K블레소레이유 밀가루	1,000g
홍국쌀가루	5(~7)g
설탕	60g
소금	18g
인스턴트드라이이스트 (saf)	12g
분유	30g
물	750g
버터	100g
총	1,975g

FILLING | 충전용 버터

1 × 1 × 5cm로 자른 무염 버터 (약 10~15g)

TOPPING | 토핑

꿀	적당량
암염	적당량

HOW TO MAKE

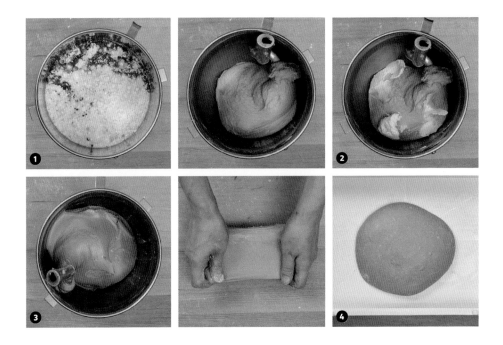

① 믹싱볼에 버터를 제외한 모든 재료를 넣고 저속으로 약 3분, 중속으로
약 5분간 믹싱한다.

② 반죽이 볼에서 떨어지고 한 덩이가 되면 버터를 넣고 중속으로 약 5분
믹싱한다.

③ 완성된 반죽은 표면이 매끄럽고 깨끗하며 윤기가 돌고, 적당한 탄력을 가진
상태이다. 천천히 반죽을 늘려 폈을 때 쉽게 끊어지지 않으며, 투명하고
얇은 막처럼 보이면 반죽이 잘 된 상태이다.
(최종 반죽 온도 26~28℃)

④ 반죽을 브레드박스에 넣고 27℃-78%에서 약 60분간 발효한 후
폴딩을 하고 다시 60분간 1차 발효한다.

POINT 발효를 마친 반죽은 약 1.5배 부푼 상태이다.
반드시 폴딩을 해야 하는 것은 아니지만, 좀 더 쫄깃한 식감을 원한다면
폴딩을 하는 것이 좋다.

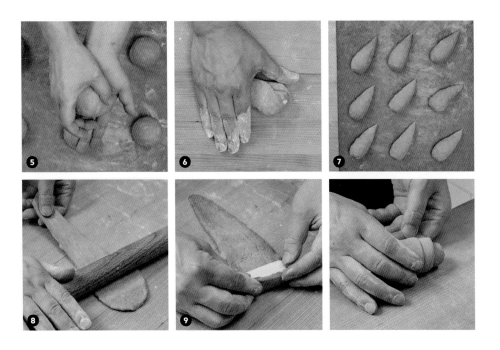

⑤ 1차 발효를 마친 반죽을 60g으로 분할한 후 가볍게 둥글리기한다.

POINT 반죽을 만졌을 때 반죽이 아기의 볼과 같이 부드러운 탄력을 가지고 있으며, 안쪽으로 뒤집었을 때 거미줄과 같은 그물망이 보이면 발효가 잘 이루어진 상태이다. 발효가 부족하거나 지나치면 제품의 완성도가 떨어지므로 발효의 상태를 잘 확인한 후 분할한다.

⑥ 분할한 반죽을 올챙이 모양으로 가성형한다.

POINT 올챙이 모양으로 가성형을 하기 전에 너무 강한 힘으로 둥글리기를 하면 탄력에 의해 반죽이 수축되므로 올챙이 모양으로 만들기 어려울 수 있으니 주의한다. 초보자의 경우 올챙이 모양을 길게 만들면 성형 과정이 좀 더 수월하다.

⑦ 반죽이 마르지 않도록 비닐을 덮어 약 20분간 벤치타임을 준다.

⑧ 벤치타임을 마친 반죽은 덧가루를 뿌려가며 손으로 잡고 밀어 펴 여분의 가스를 뺀 후 역삼각형으로 만든다.

⑨ 반죽을 뒤집어 매끈한 쪽이 바닥으로 향하게 한 후, 충전용 버터를 올리고 감싸듯 말아준다.

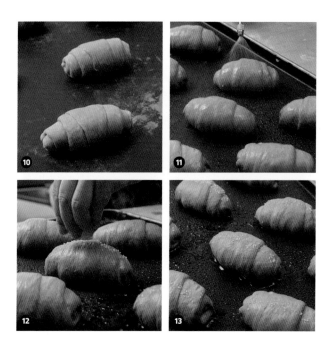

⑩   32℃-85%에서 약 60분간 2차 발효한다.

POINT 발효를 마친 반죽은 약 1.5~2배 부푼 상태이다.

⑪   반죽 표면에 물을 분사한다.

⑫   반죽 중앙에 소금을 뿌린다.

⑬   반죽 중앙에 암염을 뿌린 후 데크 오븐 기준 윗불 160℃,
     아랫불 120℃에서 약 13~15분간 굽는다.

POINT 컨벡션 오븐의 경우 140℃로 예열된 오븐에서 약 12~13분간 굽는다.
         붉은색으로 완성되는 것이 중요하므로 구움색이 너무 진하지 않게 낮은 온도로 굽는다.
         취향에 따라 구워져 나온 소금빵에 꿀을 뿌려도 좋다.

BASIL TOMATO SALTED BREAD

8

바질 토마토 소금빵

오징어먹물 소금빵의 제 2탄과도 같은 소금빵입니다. 이탈리아 국기의 3가지 색깔이 다 들어간 제품으로, 전형적인 세이보리Savory 계열의 소금빵입니다. 먹으면 먹을수록 은근히 끌리는 맛이 참 매력적이에요. 실제로도 촬영하면서 스태프들과 함께 재미삼아 투표한 인기 NO.1 소금빵이었습니다.

INGREDIENTS | 재료 (약 34개 분량)

K블레소레이유 밀가루	1,000g
설탕	60g
소금	18g
인스턴트드라이이스트 (saf)	12g
분유	30g
물	750g
바질가루	20g
버터	100g
선드라이토마토	100g
(솔레지아띠 선드라이 보라티알)	
총	2,090g

FILLING | 충전용 버터 & 소스

1 × 1 × 5cm로 자른 무염 버터 (약 10~15g)
바질페스토   적당량

TOPPING | 토핑

암염   적당량
엑스트라버진 올리브오일   적당량

075

HOW TO MAKE

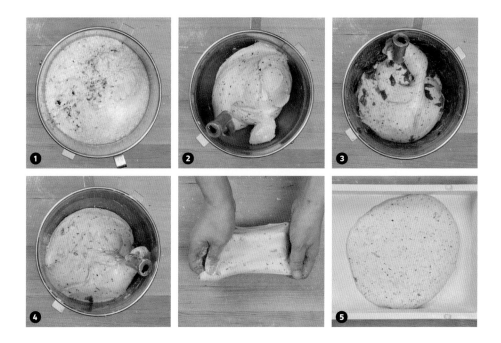

① 믹싱볼에 버터와 선드라이토마토를 제외한 모든 재료를 넣고 저속으로
  약 3분, 중속으로 약 4분간 믹싱한다.

② 반죽이 볼에서 떨어지고 한 덩이가 되면 버터를 넣고 중속으로 약 5분간
  믹싱한다.

③ 선드라이토마토를 넣고 저속으로 약 2분간 믹싱한다.

POINT 선드라이토마토는 입자가 느껴질 정도의 크기로 다져 사용한다.

④ 완성된 반죽은 표면이 매끄럽고 깨끗하며 윤기가 돌고, 적당한 탄력을 가진
  상태이다. 천천히 반죽을 늘려 폈을 때 쉽게 끊어지지 않으며, 투명하고 얇은
  막처럼 보이면 반죽이 잘 된 상태이다. (최종 반죽 온도 26~28℃)

⑤ 반죽을 브레드박스에 넣고 27℃-78%에서 약 60분간 발효한 후 폴딩을 하고
  다시 60분간 1차 발효한다.

POINT 발효를 마친 반죽은 약 1.5배 부푼 상태이다.
     반드시 폴딩을 해야 하는 것은 아니지만, 좀 더 쫄깃한 식감을 원한다면
     폴딩을 하는 것이 좋다.

⑥   1차 발효를 마친 반죽을 60g으로 분할한 후 가볍게 둥글리기한다.

POINT 반죽을 만졌을 때 반죽이 아기의 볼과 같이 부드러운 탄력을 가지고 있으며,
        안쪽으로 뒤집었을 때 거미줄과 같은 그물망이 보이면 발효가 잘 이루어진 상태이다.
        발효가 부족하거나 지나치면 제품의 완성도가 떨어지므로 발효의 상태를
        잘 확인한 후 분할한다.

⑦   분할한 반죽을 올챙이 모양으로 가성형한다.

POINT 올챙이 모양으로 가성형을 하기 전에 너무 강한 힘으로 둥글리기를 하면 탄력에 의해
        반죽이 수축되므로 올챙이 모양으로 만들기 어려울 수 있으니 주의한다.
        초보자의 경우 올챙이 모양을 길게 만들면 성형 과정이 좀 더 수월하다.

⑧   반죽이 마르지 않도록 비닐을 덮어 약 20분간 벤치타임을 준다.

⑨   벤치타임을 마친 반죽은 덧가루를 뿌려가며 손으로 잡고 밀어 펴 여분의
    가스를 뺀 후 역삼각형으로 만든다.

⑩   반죽을 뒤집어 매끈한 쪽이 바닥으로 향하게 한 후, 충전용 버터를 올리고
    바질페스토를 가로로 한 줄 짜준다.

⑪　반죽을 감싸듯 말아준다.

⑫　32℃-85%에서 약 60분간 2차 발효한다.

POINT 발효를 마친 반죽은 약 1.5~2배 부푼 상태이다.

⑬　반죽 표면에 물을 분사한다.

⑭　반죽 중앙에 암염을 뿌린 후 데크 오븐 기준 윗불 210~220℃,
　　아랫불 160℃에서 약 13분간 굽는다.

⑮　구워져 나온 소금빵 윗면에 엑스트라버진 올리브오일을 얇게 바른다.

⁹ OLIVE SALTED BREAD

올리브 소금빵

시큼하고 짭짤한 올리브는 이미 많은 빵에 포인트를 주는 재료로 많이 사용되고 있죠. 주로 치아바타나 포카치아처럼 올리브오일을 넣은 린(Lean, 기름기가 없는)한 반죽에 들어가는데, 소금빵 역시도 오일은 들어가지 않지만 린한 반죽 계열로 올리브와 잘 어울립니다. 여기에서는 올리브 러버들을 위해 블랙과 그린 올리브를 모두 넣어서 완성했습니다.

INGREDIENTS | 재료 (약 37개 분량)

재료	분량
K블레소레이유 밀가루	1,000g
설탕	60g
소금	18g
인스턴트드라이이스트 (saf)	12g
분유	30g
물	760g
버터	100g
다진 블랙올리브	140g
롤치즈	140g
총	2,260g

FILLING | 충전용 버터

1×1×5cm로 자른 무염 버터 (약 10~15g)

OTHER | 기타

트러플 오일

HOW TO MAKE

① 믹싱볼에 버터, 다진 블랙올리브, 롤치즈를 제외한 모든 재료를 넣고 저속으로 약 3분, 중속으로 약 5분간 믹싱한다.

② 반죽이 볼에서 떨어지고 한 덩이가 되면 버터를 넣고 중속으로 약 4분간 믹싱한다.

③ 다진 블랙올리브, 롤치즈를 넣고 저속으로 약 2분간 믹싱한다.

POINT 올리브는 오븐에서 말리거나 살짝 건조시켜 사용하면 반죽에 더 잘 섞인다.
롤치즈는 잘 으깨지니 다져 넣고 살짝만 섞어주는 것이 좋다.
블랙올리브는 입자감이 느껴질 정도로 다진 후 물기를 제거해 사용한다.
짠맛이 강한 그린올리브를 사용할 경우 반죽에 들어가는 소금의 양을 1% 정도
줄여야 짜지 않다.

④ 완성된 반죽은 표면이 매끄럽고 깨끗하며 윤기가 돌고, 적당한 탄력을 가진 상태이다. 천천히 반죽을 늘려 폈을 때 쉽게 끊어지지 않으며, 투명하고 얇은 막처럼 보이면 반죽이 잘 된 상태이다.
(최종 반죽 온도 26~28℃)

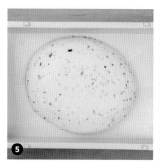

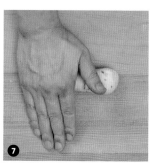

⑤ 반죽을 브레드박스에 넣고 27℃-78%에서 약 60분간 발효한 후 폴딩을 하고 다시 60분간 1차 발효한다.

POINT 발효를 마친 반죽은 약 1.5배 부푼 상태이다.
반드시 폴딩을 해야 하는 것은 아니지만, 좀 더 쫄깃한 식감을 원한다면 폴딩을 하는 것이 좋다.

⑥ 1차 발효를 마친 반죽을 60g으로 분할한 후 가볍게 둥글리기한다.

POINT 반죽을 만졌을 때 반죽이 아기의 볼과 같이 부드러운 탄력을 가지고 있으며, 안쪽으로 뒤집었을 때 거미줄과 같은 그물망이 보이면 발효가 잘 이루어진 상태이다. 발효가 부족하거나 지나치면 제품의 완성도가 떨어지므로 발효의 상태를 잘 확인한 후 분할한다.

⑦ 분할한 반죽을 올챙이 모양으로 가성형한다.

POINT 올챙이 모양으로 가성형을 하기 전에 너무 강한 힘으로 둥글리기를 하면 탄력에 의해 반죽이 수축되므로 올챙이 모양으로 만들기 어려울 수 있으니 주의한다.
초보자의 경우 올챙이 모양을 길게 만들면 성형 과정이 좀 더 수월하다.

⑧ 반죽이 마르지 않도록 비닐을 덮어 약 20분간 벤치타임을 준다.

여기에서는 만토바MANTOVA
트러플향 엑스트라버진
올리브오일 스프레이를
사용했다.

⑨ 벤치타임을 마친 반죽은 덧가루를 뿌려가며 손으로 잡고 밀어 펴
여분의 가스를 뺀 후 역삼각형으로 만든다.

⑩ 반죽을 뒤집어 매끈한 쪽이 바닥으로 향하게 한 후, 충전용
버터를 올리고 반죽을 감싸듯 말아준다.

⑪ 32℃-85%에서 약 60분간 2차 발효한다.

POINT 발효를 마친 반죽은 약 1.5~2배 부푼 상태이다.

⑫ 반죽 표면에 물을 분사한 후, 데크 오븐 기준 윗불 220℃,
아랫불 160℃에서 약 13분간 굽는다.

POINT 컨벡션 오븐의 경우 160~170℃로 예열된 오븐에서 약 12~13분간
굽는다.

⑬ 구워져 나온 소금빵에 트러플 오일을 분사한다.

¹⁰ SEA LETTUCE SALTED BREAD

파래 소금빵

파래는 소금빵에 은은한 초록빛을 줌과 동시에 바다의 향을 표현하기도 하는 재료입니다.
여기에서는 대한민국 사람이라면 누구나 좋아하는 파래가루를 이용하여 반죽을 만든 후
요즘 인기 있는 고급 재료인 감태를 소금빵 윗면에 올려 마무리했습니다. 고급진 버터의 향
과 파래와 감태의 고소한 감칠맛이 일품인 제품입니다.

INGREDIENTS | 재료 (약 34개 분량)

K블레소레이유 밀가루	1,000g
파래가루	30g
설탕	60g
소금	18g
인스턴트드라이이스트 (saf)	12g
분유	30g
물	790g
버터	100g
총	2,040g

FILLING | 충전용 버터

1 × 1 × 5cm로 자른 무염 버터 (약 10~15g)

TOPPING | 토핑

감태   적당량

HOW TO MAKE

① 믹싱볼에 버터를 제외한 모든 재료를 넣고 저속으로 약 3분, 중속으로
   약 5분간 믹싱한다.

② 반죽이 볼에서 떨어지고 한 덩이가 되면 버터를 넣고 중속으로 약 4분간
   믹싱한다.

③ 완성된 반죽은 표면이 매끄럽고 깨끗하며 윤기가 돌고, 적당한 탄력을
   가진 상태이다. 천천히 반죽을 늘려 폈을 때 쉽게 끊어지지 않으며,
   투명하고 얇은 막처럼 보이면 반죽이 잘 된 상태이다.
   (최종 반죽 온도 26~28℃)

④ 반죽을 브레드박스에 넣고 27℃-78%에서 약 60분간 발효한 후
   폴딩을 하고 다시 60분간 1차 발효한다.

POINT 발효를 마친 반죽은 약 1.5배 부푼 상태이다.
   반드시 폴딩을 해야 하는 것은 아니지만, 좀 더 쫄깃한 식감을 원한다면
   폴딩을 하는 것이 좋다.

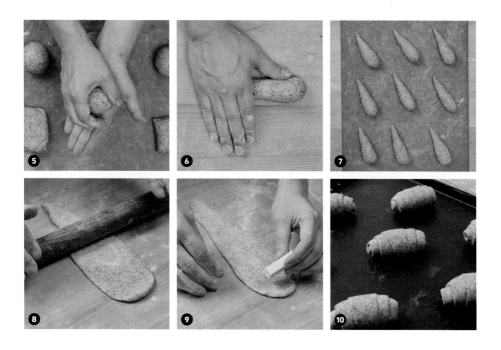

⑤ 1차 발효를 마친 반죽을 60g으로 분할한 후 가볍게 둥글리기한다.

POINT 반죽을 만졌을 때 반죽이 아기의 볼과 같이 부드러운 탄력을 가지고 있으며, 안쪽으로 뒤집었을 때 거미줄과 같은 그물망이 보이면 발효가 잘 이루어진 상태이다. 발효가 부족하거나 지나치면 제품의 완성도가 떨어지므로 발효의 상태를 잘 확인한 후 분할한다.

⑥ 분할한 반죽을 올챙이 모양으로 가성형한다.

POINT 올챙이 모양으로 가성형을 하기 전에 너무 강한 힘으로 둥글리기를 하면 탄력에 의해 반죽이 수축되므로 올챙이 모양으로 만들기 어려울 수 있으니 주의한다. 초보자의 경우 올챙이 모양을 길게 만들면 성형 과정이 좀 더 수월하다.

⑦ 반죽이 마르지 않도록 비닐을 덮어 약 20분간 벤치타임을 준다.

⑧ 벤치타임을 마친 반죽은 덧가루를 뿌려가며 손으로 잡고 밀어 펴 여분의 가스를 뺀 후 역삼각형으로 만든다.

⑨ 반죽을 뒤집어 매끈한 쪽이 바닥으로 향하게 한 후, 충전용 버터를 올리고 반죽을 감싸듯 말아준다.

⑩ 32℃-85%에서 약 60분간 2차 발효한다.

POINT 발효를 마친 반죽은 약 1.5~2배 부푼 상태이다.

 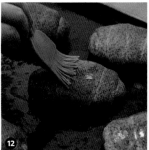 

⑪ 데크 오븐 기준 윗불 220℃, 아랫불 160℃에서 약 13분간 굽는다.

POINT 컨벡션 오븐의 경우 160~170℃로 예열된 오븐에서 약 12~13분간 굽는다.

⑫ 구워져 나온 소금빵에 철판으로 흘러 나온 버터를 발라 감태가 잘 붙도록 만든다.

⑬ 따뜻한 상태의 소금빵에 4 × 8cm 크기로 자른 감태를 얹는다.

POINT 감태가 없다면 살짝 구운 김을 사용해도 좋다.

소금빵 반죽 냉동 보관법

올챙이 모양으로 가성형한 소금빵 반죽은 냉동 보관하면서 사용할 수 있습니다. 냉기가 잘 먹도록 비닐을 깐 타공팬에 반죽을 올리고 다시 비닐을 덮어 냉동 보관하며, 사용할 때는 전날 냉장고에 옮긴 후 해동시켜 사용합니다.

저온 발효법

: 저녁에 믹싱한 반죽을 다음 날 굽고 싶은 경우

① 믹싱한 반죽을 브레드박스에 담고 뚜껑을 덮어 30분 정도 실온에서 발효시킵니다.

② 실온에서 발효시킨 반죽을 냉장고(3~4°C)에 둡니다.

→ 찬기가 반죽에 골고루 들고, 냉장고에서 반죽을 꺼냈을 때도 실온에서 온도를 고르게
회복할 수 있도록 깊고 좁은 통보다 넓은 브레드박스에 담는 것이 좋습니다.

③ 다음 날 반죽을 냉장고에서 꺼내 실온에 옮겨 13~16°C로 온도를 회복시킨 후
분할과 가성형을 거칩니다.

④ 이후의 과정은 동일합니다. 본 책의 레시피와 동일하게 '벤치타임 - 성형 -
2차 발효'를 거쳐 구워주면 됩니다.

Kyo Bakery's Salted Bread Recipes

: 소금빵 베리에이션

¹¹ POLLOCK ROE SALTED BREAD

명란 소금빵

후쿠오카의 유명 베이커리에서 시작된 명란을 사용한 빵은 쿄 베이커리에서도 다양한 제품으로 만나볼 수 있습니다. 심플한 스타일의 소금빵 반죽은 다양한 재료와 베리에이션이 가능한데, 특히나 명란 토핑을 올린 소금빵은 제가 가장 애정하는 제품이랍니다. 구워져 나온 모양이 호랑이 줄무늬를 닮았다고 하여 '명란 호랭이'라는 애칭까지 생겼답니다.

TOPPING

명란 토핑 (소금빵 약 25개 분량)

명란 버터 스프레드 (마루비시)	200g
마요네즈	100g

HOW TO MAKE

① 명란 버터 스프레드와 마요네즈를 섞어 명란 토핑을 만든다.

POINT 명란 버터 스프레드와 마요네즈는 2:1 비율로 섞어 사용하므로, 필요한
만큼 계량해 사용한다.

② 2차 발효를 마친 소금빵 반죽에 명란 토핑을 지그재그로 짠다.
(소금빵 1개당 약 10~15g씩 사용한다.)

③ 데크 오븐 기준 윗불 220℃, 아랫불 160℃에서 약 13분간
굽는다.

POINT 컨벡션 오븐의 경우 180℃로 예열된 오븐에서 약 13~15분간 굽는다.
나의 경우 구워져 나왔을 때 약간 탄듯한 느낌의 진한 색이어야 맛이 더
좋다고 생각한다.

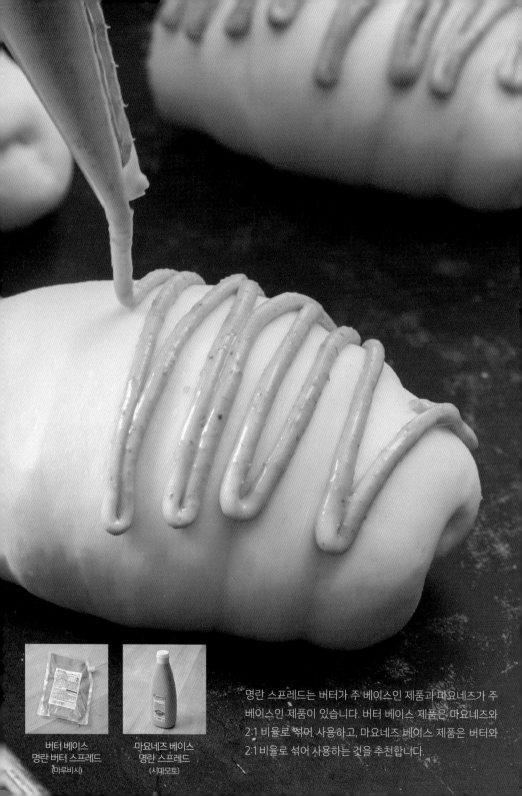

버터 베이스
명란 버터 스프레드
(마루비시)

마요네즈 베이스
명란 스프레드
(시마모토)

명란 스프레드는 버터가 주 베이스인 제품과 마요네즈가 주
베이스인 제품이 있습니다. 버터 베이스 제품은 마요네즈와
2:1 비율로 섞어 사용하고, 마요네즈 베이스 제품은 버터와
2:1 비율로 섞어 사용하는 것을 추천합니다.

12 KaYA SaLTED BREaD

카야 소금빵

코코넛잼의 일종인 카야잼은 인도네시아, 말레이시아, 싱가포르에서 빵에 함께 곁들여 먹는 잼으로 동남아의 아침을 연상시킵니다. 토스트한 식빵에 카야잼을 올려 먹는 대신에 소금빵 위에 카야잼을 올려서 완성했는데, 먹어본 모든 사람들의 눈이 휘둥그레졌을 정도로 정말 맛있답니다. '말해 모해 소금빵'이라고 이름 붙이고 싶을 정도로 너무 맛있으니 여러분들도 꼭 만들어보세요!

TOPPING | 토핑

카야잼 (카야하우스, Kaya Green)
코코넛가루

HOW TO MAKE

① 2차 발효를 마친 소금빵 반죽에 카야잼을 지그재그로 짠다.
(소금빵 1개당 약 10~15g씩 사용한다.)

② 반죽 중앙에 코코넛가루를 소복히 뿌린다. (소금빵 1개당 약 3g씩 사용한다.)

POINT 굽는 과정에서 코코넛가루가 탈 수 있으므로 카야잼을 짜고 코코넛가루를 뿌린 후 분무기로 물을 살짝 뿌려주는 것이 좋다.

③ 데크 오븐 기준 윗불 180~190℃, 아랫불 160℃에서 약 13분간 굽는다.

POINT 코코넛가루의 색이 빨리 날 수 있으니 처음 작업하는 경우 중간중간 확인하며 구워주는 것이 좋다.
컨벡션 오븐의 경우 150℃로 예열된 오븐에서 약 13~15분간 굽는다.

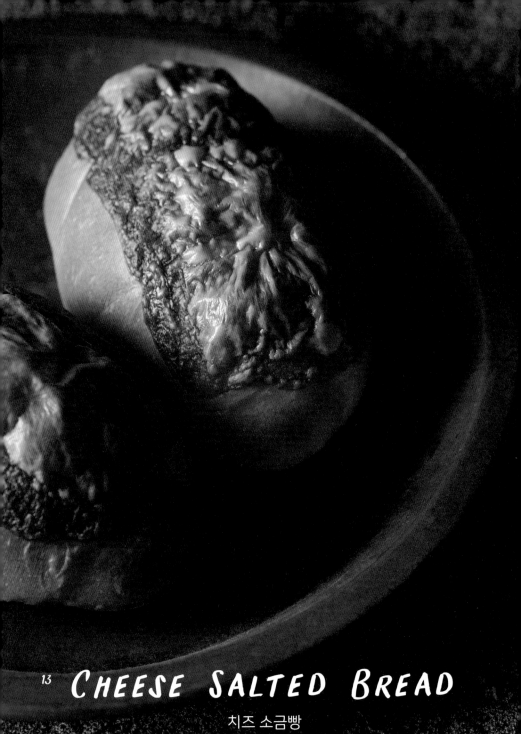

¹³ CHEESE SALTED BREAD

치즈 소금빵

버터를 돌돌 만 소금빵 위에 에멘탈 치즈를 올려서 구운 제품입니다. 누구나 상상할 수 있는 클래식한 맛, 바로 그 맛이랍니다. 특히 치즈 소금빵의 경우에는 고기나 생선 등 다른 메인 요리와도 잘 어울려서 미리 만들어 둔 후 냉동에서 보관하여 필요할 때마다 데워서 먹어도 좋습니다.

TOPPING | 토핑

반으로 자른 슬라이스 에멘탈 치즈

HOW TO MAKE

① 2차 발효를 마친 소금빵 반죽에 적당한 크기로 자른 에멘탈 치즈를 올린다.

POINT 굽는 과정에서 에멘탈 치즈가 탈 수 있으므로 에멘탈 치즈를 올리고 분무기로 물을 살짝 뿌린 후 굽는 것이 좋다. (사용하는 치즈의 종류에 따라 색이 나는 시간이 다르므로 확인해가며 작업한다.)

② 데크 오븐 기준 윗불 200℃, 아랫불 160℃에서 약 13분간 굽는다.

POINT 컨벡션 오븐의 경우 160℃로 예열된 오븐에서 약 12~15분간 굽는다.

¹⁴ GARLIC SALTED BREAD

마늘 소금빵

경북 의성에서 엄선한 마늘을 사용해 레스큐어 버터와 허브를 버무려 소금빵 위에 짜서 완성했습니다. 한국인들에게 인기 많은 마늘빵의 풍미를 고스란히 느낄 수 있는 제품이랍니다. 특히 이 책의 에디터가 마루비시 전시회에서 시식해본 후 너무 맛있어서 특별히 요청한 메뉴이기도 합니다.

TOPPING | 토핑

마늘 스프레드
마늘 분말

여기에서는 이슬나라
마늘 분말을 사용했다.

* 수제 마늘 스프레드 만들기

아래의 재료를 골고루 섞어 사용합니다.

버터	100g
설탕	38g
소금	2g
다진 마늘	20g
연유	38g
마요네즈	50g

HOW TO MAKE

① 구워져 나온 소금빵 윗면에 마늘 스프레드를 골고루 펴바른다.

② 소금빵 중앙에 마늘 분말을 뿌린 후 데크 오븐 기준 윗불 200℃, 아랫불 160℃에서 약 13분간 굽는다.

POINT 컨벡션 오븐의 경우 160~180℃로 예열된 오븐에서 약 12~13분간 굽는다.

15 MELON SALTED BREAD

멜론 소금빵

쿄 베이커리 소금빵 라인 중 가장 늦게 태어난 소금빵으로 '막둥이'라는 의미를 더해 '멜둥이'라는 이름으로 판매하고 있는 제품입니다. 오리지널 소금빵 위에 쿠키를 올려서 구워낸 제품으로 부드러운 소금빵에 달콤하고 바삭한 쿠키가 맛있는 대비를 이룹니다. 구하기는 좀 어렵지만 천연 멜론 향이 있으면 멜론 맛이 나는 더욱 고급스러운 멜론 소금빵으로 탄생합니다. (시중에 쉽게 구할 수 있는 멜론 에센스 소량을 첨가해 만들어도 좋습니다. 종류에 따라 다르겠지만 보통 밀가루 대비 0.5~1% 정도로 사용합니다.)

TOPPING

쿠키
(소금빵 약 42개 분량)

설탕	240g
마가린 또는 버터	100g
달걀	100g
박력분	400g
베이킹파우더	2g

HOW TO MAKE

① 믹싱볼에 설탕, 마가린(또는 버터)을 넣고 크림화시킨다.

POINT 너무 많이 섞어 필요 이상의 공기가 포집되지 않도록 한다.

② 달걀을 나눠 넣어가며 믹싱한다.

③ 체 친 박력분, 베이킹파우더를 넣고 믹싱한다.

④ 반죽을 작업대로 옮겨 20~25g씩 분할하고 둥글려 넓적하게 만든 후 냉장고에서 하루 동안 숙성시킨다.

POINT 숙성시켜야 분할이 수월하다.

⑤ 밀대로 밀어 펴 타원형으로 만든다.

⑥ 설탕을 묻힌다.

⑦ 성형을 마친 소금빵 반죽 위에 설탕이 묻은 면이 위로 가도록 올린다.

⑧ 30℃-80%에서 약 60분간 2차 발효를 한 후 데크 오븐 기준 윗불 140℃, 아랫불 120℃에서 13~15분간 굽는다.

POINT 구움색이 너무 진하지 않게 완성되는 것이 중요하므로 낮은 온도로 굽는다. 컨벡션 오븐의 경우 130℃로 예열된 오븐에서 약 15~18분간 굽는다.

쿠키 반죽이 남으면 타원형으로 만든 상태로 층층이 비닐을 깔고 쌓아 밀폐해 냉동실에 보관하면서 필요할 때마다 냉장고에서 꺼내 사용한다.

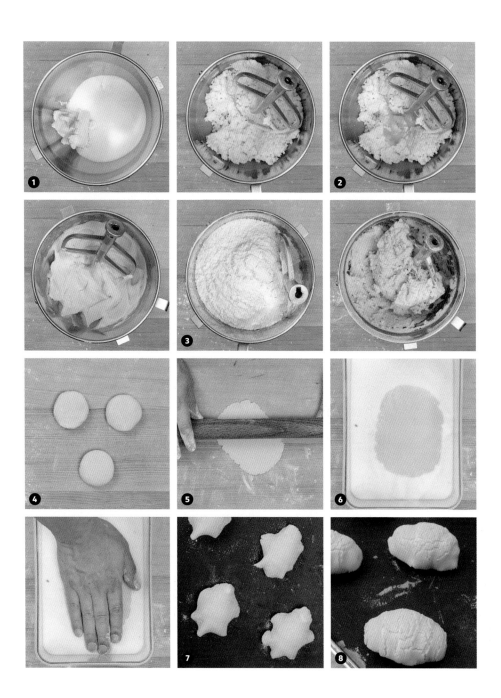

¹⁶ CoFFEE SALTED BREAD

커피 소금빵

개인적으로 참 좋아하는 추억의 빵 모카번에서 고안하여 만들어진 제품입니다. 짭조름한 소금빵에 달콤한 모카 쿠키가 올라가 단과자빵 같으면서도 어른스러운 느낌이 나는 빵이랍니다. 따뜻한 커피와 함께 먹어도 좋고, 우유와 함께 먹어도 잘 어울리는 메뉴입니다.

TOPPING

커피 토핑
(소금빵 약 10개 분량)

마가린 또는 버터	50g
설탕	35g
달걀	1개
커피엑기스	10g
중력분	50g
아몬드가루	10g

HOW TO MAKE

① 믹싱볼에 설탕, 마가린을 넣고 크림화시킨다.

② 달걀과 커피엑기스를 서너 번 나눠 넣어가며 믹싱한다.

③ 체 친 중력분, 아몬드가루를 넣고 가볍게 믹싱한다.

④ 2차 발효를 마친 소금빵 반죽 위에 약 20g씩 짠 후, 데크 오븐 기준 윗불 200℃, 아랫불 160℃에서 13분간 굽는다.

POINT 컨벡션 오븐의 경우 180℃로 예열된 오븐에서 약 13~15분간 굽는다.

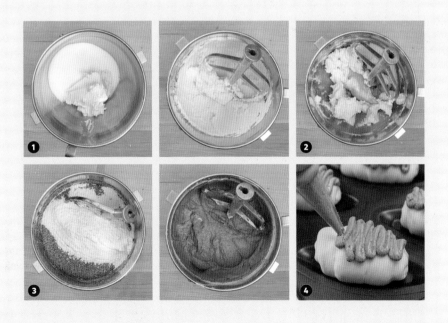

소금빵 전용 틀 사용하기

소금빵의 인기가 높아지면서
다양한 사이즈의 소금빵 전용 틀을
시중에서 쉽게 구할 수 있게 되었습니다.

소금빵 전용 틀을 사용하면 새어나온 버터가 철판에
곳곳에 흐르지 않게 잡아주어 빵이 튀겨지듯 구워져
더 맛있게 완성할 수 있습니다.

¹⁷ EGG MAYO
SALTED BREAD

에그마요 소금빵

누구나 좋아하는 에그마요를 소금빵에 샌딩한 것으로 실제로 쿄 베이커리에서도 판매하고 있는 제품입니다. 근처 직장인들에게 인기가 아주 많은데요, 간단히 한끼를 해결할 수 있는 영양 만점의 소금빵으로 가격도 다른 샌드위치에 비해 상대적으로 저렴하여 점심시간이 지나면 품절되는 인기 만점 샌드위치랍니다.

INGREDIENTS

에그마요 충전물
(소금빵 약 20개 분량)

삶은 달걀 (특란 기준)	15개
삶은 감자	500g
다진 햄	125g
다진 양파	100g
다진 오이	100g
다진 당근	50g
옥수수 (캔)	170g
후추	7g
소금	5~10g
설탕	10g
마요네즈	230g

TOPPING | 토핑

건조 파슬리가루

HOW TO MAKE

① 삶은 달걀은 적당한 크기로 다져 준비한다.

② 감자는 삶은 후 으깨 식혀 준비한다.

③ 햄, 양파, 오이, 당근은 작게 다지고, 캔 옥수수는 물기를 제거해 준비한다.

④ 볼에 모든 재료를 넣고 골고루 버무린다.

POINT 소금은 간을 보며 취향에 따라 5~10g 사이로 가감한다.

⑤ 가운데를 가른 소금빵에 에그마요 충전물을 100g씩 샌딩한다.

⑥ 건조 파슬리가루를 뿌려 마무리한다.

POINT 충전물 자체가 맛있어 식빵이나 모닝빵 등에 샌드위치 속재료로 사용하기에도 좋다.

JAMBON SALTED BREAD

잠봉 소금빵

쿄 베이커리에서 사용하는 잠봉은 이름만 들어도 알 수 있는 유명 업체의 신선한 잠봉을 구입해서 사용하고 있습니다. 잠봉 뵈르 샌드위치의 인기가 어마어마해 소금빵에도 잠봉을 넣어볼까 하고 만들었는데, 에그마요 소금빵과 함께 샌드위치 매출의 1, 2위를 차지하는 제품으로 등극한 효자 메뉴입니다. 소금빵의 부드럽고 단백한 맛이 고급스러운 잠봉과 너무나도 잘 어울린답니다.

INGREDIENTS

충전물 (소금빵 1개 분량)

버터	20g
잠봉 (소금집)	30g
루꼴라	적당량
통후추	적당량

HOW TO MAKE

① 가운데를 가른 소금빵에 버터를 바른다.

② 잠봉을 보기 좋게 넣는다.

POINT 크림치즈를 함께 발라 넣어도 잘 어울린다.

③ 통후추를 갈아 뿌린다.

④ 루꼴라를 올려 마무리한다.

¹⁹ RED BEANS PASTE & FRESH CREAM SALTED BREAD

팥 생크림 소금빵

지난 여름에 월간 베이커리 편집장님이 직접 쿄 베이커리를 방문하셔서 팥과 어울리는 소금빵을 만들어달라는 제안을 해주셔 만들게 된 제품입니다. 무엇을 하면 좋을지 고민을 많이 했는데, 왠지 쿄 베이커리와 잘 어울리는 일본풍의 소금빵으로 만들어보자는 생각이 들었어요. 그래서 쫄깃한 찹쌀떡을 넣고 부드러운 생크림을 함께 올려보았습니다. 맛은 역시나! 굿! 입니다.

반으로 가른 소금빵에
단단하게 휘핑한(100%) 동물성 생크림을 채우고
팥앙금과 찹쌀떡을 올려 완성합니다.

Red Beans Paste & Butter Salted Bread

앙버터 소금빵

앙버터는 이제 베이커리의 공식화된 룰이라고 할 수 있죠. 소금빵에도 앙버터를 넣으니 버터+버터, 소금+앙금이 고소한 맛은 두 배로 만들고 달콤한 맛과 짭조름한 맛이 어우러져 역시나 기대를 저버리지 않는 메뉴입니다. 버터는 각각 다른(반죽에 들어가는 버터와 충전하는 버터) 2가지 브랜드를 사용하는 것도 좋고, 무염과 가염을 나눠서 사용해도 재미있을 것 같아요. 또한 팥앙금에 소량의 생크림을 섞어 부드럽게 만들면 또 다른 질감으로 표현할 수 있답니다.

반으로 가른 소금빵에
레스큐어 버터와 팥앙금을 채웁니다.

Kyo BAKERY'S SALTED BREAD RECIPES

: 특별한 모양으로 만드는 소금빵

Kyo BAKERY'S SALTED BREAD RECIPES

특별한 모양으로 만드는 소금빵

²¹ TORNADO
SALTED BREAD
회오리 소금빵

반죽에 버터를 올리고 돌돌 말아 완성하는 일반적인 소금
빵은 잘랐을 때 반죽의 중앙이 동그랗게 뚫려 있지만, 버
터를 반죽에 펴 바른 후 돌돌 말아 완성하는 소금빵은 단
면이 회오리 모양인 것이 특징입니다..조금 특별한 소금
빵을 만들어보고 싶다면 도전해보세요.

HOW TO MAKE

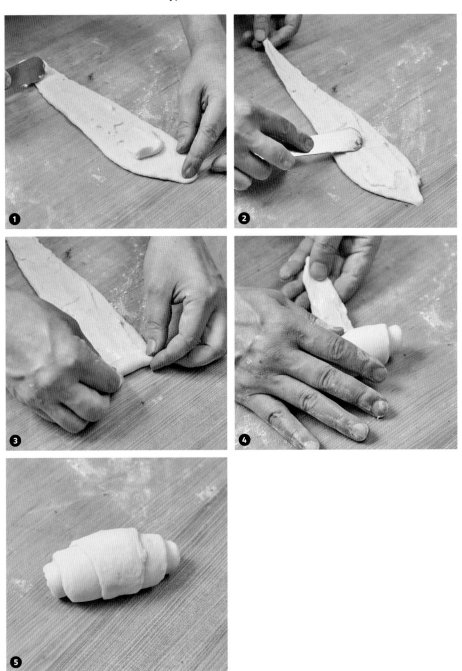

일반적인 소금빵의 단면

회오리 소금빵의 단면

¹¹ VARIETY
SALTED BREAD

다양한 틀을 활용한 소금빵

일본에서는 다양한 틀이나 종이
컵 등을 사용해 소금빵을 만들기
도 합니다. 소금빵 모양이 꼭 똑
같을 필요는 없겠죠? 여기에서
는 구겔호프 틀에 소금빵 반죽을
넣고 구워보았습니다. 구워져 나
온 가장자리의 얇은 부분은 바삭
하게, 가운데 부분은 부드럽고 폭
신하게 즐길 수 있습니다.

HOW TO MAKE

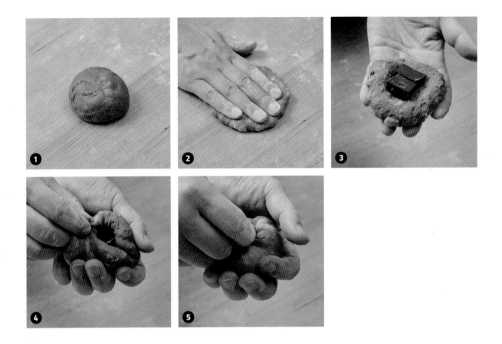

① 동그랗게 둥글리기한 소금빵 반죽을 준비합니다.

② 손바닥으로 가볍게 쳐 평평하게 만들어줍니다.

③ 반으로 자른 버터를 올려줍니다.

④ 버터를 감싸듯 반죽을 모아줍니다.

⑤ 반죽이 벌어지지 않게 잘 붙여줍니다.

⑥　구겔호프 틀에 넣어줍니다.

⑦　32℃-85%에서 약 40~50분간 2차 발효한 후, 데크 오븐 기준
　　윗불 220℃, 아랫불 160℃에서 13~15분간 굽는다.

POINT 발효를 마친 반죽은 약 1.5배 부푼 상태이다.
　　　　컨벡션 오븐의 경우 180℃로 예열된 오븐에서 약 12~13분간 굽는다.

⑧　철판을 덮어 구우면 윗면이 납작한 모양으로 완성됩니다.

⑨　철판을 덮지 않고 구우면 봉긋한 모양으로 완성됩니다.

쿄 베이커리의 '쿄'는 일본어로 '今日(きょう)' 즉 '오늘'을 뜻합니다. 매일 매일 신선하게 구운 빵을 고객분들에게 제공하겠다는 저희의 약속이 담긴 말이기도 합니다.

2008년 상수동 15평 자리에서 시작한 쿄 베이커리는 오픈 후 홍대 젊은이들 사이에서 폭발적인 인기를 얻으면서 홍대 대표 빵집으로 자리 잡았습니다. 상수점, 연남점을 거쳐 현재 '쿄 베이커리 × 카페 더 인피닛'이라는 이름으로 강남에 위치하고 있습니다.

대표 메뉴로는 최고급 밀가루와 레스큐어 버터를 사용한 '시그니처 소금빵', 오징어 먹물을 넣은 반죽과 달콤한 연유 필링이 조화로운 '연유 먹물 바게트', 보들보들 하얀 반죽에 하얀 슈크림을 듬뿍 넣은 '애기 궁둥이', 견과류와 꿀이 듬뿍 들어간 '넛봉' 등이 있습니다.

이 책을 만든 사람들

어시스턴트 · 셰프 · 일러스트 작가 · 에디터

어시스턴트 · 진행자